神奇的碳

中国杭州低碳科技馆 ◎ 主编

科学技术文献出版社
SCIENTIFIC AND TECHNICAL DOCUMENTATION PRESS

·北京·

图书在版编目（CIP）数据

神奇的碳 / 中国杭州低碳科技馆主编. —北京：科学技术文献出版社，2020.12
（2021.7重印）
 ISBN 978-7-5189-6360-7

Ⅰ . ①神…　Ⅱ . ①中…　Ⅲ . ①二氧化碳—排气—普及读物　Ⅳ . ① X511-49

中国版本图书馆 CIP 数据核字（2020）第 001325 号

神奇的碳

策划编辑：张　丹　责任编辑：马新娟　责任校对：王瑞瑞　责任出版：张志平

出　版　者	科学技术文献出版社	
地　　　址	北京市复兴路15号　　邮编　100038	
编　务　部	(010) 58882938，58882087（传真）	
发　行　部	(010) 58882868，58882870（传真）	
邮　购　部	(010) 58882873	
官方网址	www.stdp.com.cn	
发　行　者	科学技术文献出版社发行　全国各地新华书店经销	
印　刷　者	北京虎彩文化传播有限公司	
版　　　次	2020 年 12 月第 1 版　2021 年 7 月第 2 次印刷	
开　　　本	710×1000　1/16	
字　　　数	71千	
印　　　张	5.75	
书　　　号	ISBN 978-7-5189-6360-7	
定　　　价	29.00元	

前言

史前人类使用木炭在洞穴内绘画，将木炭涂在身上作装饰，做饭时将它们用作燃料……但直到18世纪末，人类才明白木炭的主要成分是一种叫"碳"的元素。

碳是一种神奇的元素。无论是碳家族本身，还是碳的化合物王国，碳，无处不在，我们生活的方方面面都离不开碳。碳单质可以是铅笔芯，也可以是金刚石；而由碳所创造的化合物比地球上其他百余种元素所创造的化合物全加起来还要多。

碳还会变身。上天入地、穿山越水，碳无时无刻不在地球上运动、循环，保持着自身的平衡。碳含量维持在一个相对稳定的水平上，地球生命才得以延续至今。

今天，碳的神奇依然没变。然而，人类在碳循环中却扮演了越来越重要的角色，尤其是自工业革命以来，人类活动导致的碳排放打破了碳的平衡，使我们的地球开始变暖。

本书从碳的起源，到碳单质和碳化合物，再到碳的循环和人类文明，逐步揭开

了碳的神秘面纱。将深奥的知识化繁为简，希望能用更具趣味性的语言和表达构建出一个青少年读者感兴趣、易于接受的碳世界。

人类的生存离不开碳，很多时候，碳排放不可避免，但我们可以让排放尽量少一点。节能，减排，建设低碳城市，我们必须在所有碳的领域进行努力了。

低碳生活，人类必将选择的未来！

目 录

第一章 神奇的元素

近几年，我们经常能在报刊、网络上看到"低碳"这个词，"低"比较好理解，数要少，量要低。那么，到底什么是"碳"呢？我们了解得并不多。

① 碳是什么？

碳是地球生命的基础，在我们周围无处不在，它出类拔萃、独树一帜，是一种神奇的存在。

（1）碳是一种元素

元素是指含有相同核电荷数的一类原子，是组成物质的基本成分。山脉、云海、星空、你、我、他，我们周围的万事万物都是由各种各样的元素组成的。

碳是一种非金属元素，在元素周期表中排第 6 位。碳是一种很常见的元素，它以多种形式广泛地存在于大气、地壳和生物体中。

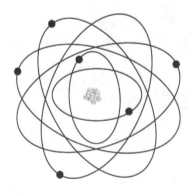

一个碳 -12 原子 (^{12}C)有6个质子、6个中子和6个电子

元素周期表

化学元素周期表由俄国科学家门捷列夫于 1869 年首创，该表将化学元素按核电荷数（原子序数）从小到大排列。表中一行称为一个周期，一列称为一个族。截至 2016 年 6 月 8 日，共有化学元素 118 种。由于元素周期表能较为准确地预测各种元素的特性及相互关系，因此它在化学及其他科学范畴内具有重要作用。

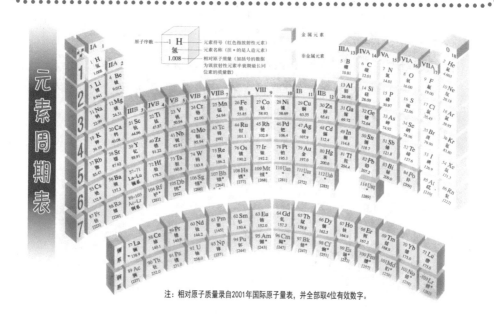

注：相对原子质量录自2001年国际原子量表，并全部取4位有效数字。

（2）人类认识碳的历史

自从人类第一次使用火，碳就以木炭和煤的形式存在于我们身边。将木材热解后制成的木炭，其主要成分就是碳。人们使用木炭在洞穴内绘画，将木炭涂在身上作装饰，而做饭时将它们用作燃料。

但是，直到 18 世纪末，人们才明白木炭的主要成分是碳元素。

（3）碳及其化合物广泛存在于自然界中

万·拉瓦锡用巨大的透镜汇聚太阳光照射金刚石，高温下金刚石燃烧并产生了某种气体（后来发现是二氧化碳）	➡ 约瑟夫·普里斯特利发现了氧气。拉瓦锡推断，氧是一种元素，木炭/金刚石的成分应该也是一种元素	➡ 木炭的成分命名为 "CARBONE"，来源于拉丁语中的"木炭"（CARBO）一词。这就是碳元素（C）

碳广泛存在于各种各样的岩石中，如石灰石。

以金刚石形式存在的碳是地球上最坚硬的天然物质。

含碳化合物，如煤、石油和天然气等，是世界上最重要的化石燃料。

几乎所有的有机体都离不开碳。在目前人类已知的上千万种化合物中，90%以上都含有碳。

碳是构成现代社会人们所使用的许多人造或合成物质的基本元素，如塑料、橡胶、药品……

② 碳起源于宇宙大爆炸吗？

关于碳最早的故事，发生在很久很久以前。

在古希腊神话故事中，半人半神的普罗米修斯为了让人类生活在光明之中，从火神那里偷走了火种，并且留在了人间。当你想象这火种带来的火焰，就会想到那燃烧的发热的炭。

但这都只存在于神话故事中。地球上的碳究竟是从哪里来的呢？

碳与宇宙大爆炸

碳的诞生可以追溯到137亿年前的宇宙大爆炸。该假说认为，在大爆炸之前，整个宇宙是一个密度极高、体积极小（小到让人看不见）的点。宇宙大爆炸使这个点在一瞬间四分五裂，就好像打开了魔盒，一下子所有的秘密全部释放了出来。

宇宙大爆炸后，宇宙处于上万亿度的高温中，相当于现在太阳核心温度的数十倍。在这样的极端高温环境中，宇宙中形成了两种物质：夸克和胶子。夸克和胶子相互作用，又形成了质子、中子和原子核。原子核在宇宙中捕捉到电子，形成了最初的氢和氦。

在那之后的 10 亿年内，氦原子核相互吸引，当 3 个氦原子核组合到一起，就变成了一个碳原子。

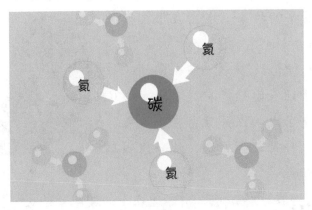

这就是碳的形成。

在这之后，无数个碳原子在浩瀚的宇宙中飘荡。

再后来，大约 46 亿年前，银河系里的碎片和尘粒不断汇聚，形成了一颗神奇的行星——地球。那些在宇宙中无家可归的碳原子在这里找到安身的地方，来到了地球炙热的内部——几千公里深的地幔之中。

一直等到 3 亿年前地球上的一次火山喷发，碳以二氧化碳的形式从地球内部被释放出来。

自此，碳在地球大气中得以存在。

③ 生命是由碳构成的吗？

在中国古代传说中，女娲以黄泥仿照自己捏土造人，创造了人类。在西方传说中，生命的起源也一直与神话有关。

然而，科学家其实一直在探索生命的奥秘，追随碳的脚步，探寻生命的密码。

（1）生命由碳构成

人类的体重大约18%来源于碳，也就是说，一个体重50千克的人，其中约有9千克是碳的重量。

生命除了水以外，剩下的主要就是以碳为骨架的化合物。所以，可以说，生命是由碳构成的。

碳骨架上都有哪些东西呢？

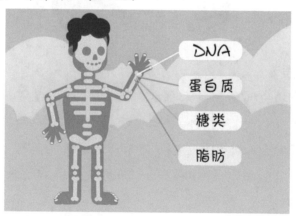

（2）记录遗传密码的 DNA

DNA 记录着遗传信息。它由两条具有相同结构的链并排结合、扭曲而成。

DNA 的一条链上包含由磷酸、糖和碱基构成的成千上万个基本单元。DNA 的基本单元中，碳原子构成了糖与碱基的骨架。生命的遗传密码就被记录在这些以碳为骨架的物质中。

之所以这些物质能记录如此重要而庞大的数据，是因为碳是能够组成巨大分子的特殊元素。

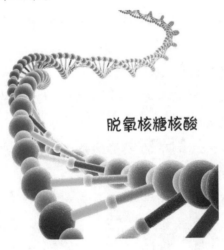

脱氧核糖核酸

（3）蛋白质

动物细胞平均 70% 的重量来自水。其余约一半的重量来自蛋白质。

长辈总是跟我们说，要多喝牛奶，有助于补充蛋白质。蛋白质有着多种功能，有助于人体构成皮肤、器官等结构，尤其可以增长肌肉。

就人类而言，蛋白质的种类很多，而构成蛋白质的基本组成单位氨基酸却只有 20 多种。

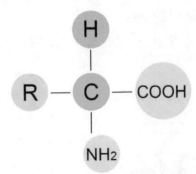

氨基酸分子是一种以碳为骨架的分子。它们经过一系列反应，就形成了蛋白质。与 DNA 的情况一样，巨大的蛋白质分子之所以可以形成，也是因为碳元素的特殊性。

（4）糖类

米饭，是人们日常饮食中的主角。米饭的主要成分是碳水化合物，顾名思义，是由碳和水组成的化合物。

植物光合作用大都合成糖，也叫作淀粉。大米、红薯、土豆都是富含淀粉的代表性作物。糖类包含很多种，最主要的是葡萄糖。葡萄糖在动植物体内是主要的能量源。

（5）脂肪

脂肪是比糖类、蛋白质热量更高的物质，是紧急情况下作为生物能量源的物质。

脂肪其实同样以碳为骨架。主要由甘油和脂肪酸结合而成，而甘油和脂肪酸同样都是由含碳分子组成的。

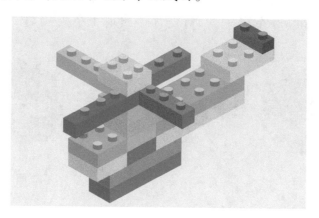

碳构成了生物体内多种多样的物质，就像搭建积木一样，大自然通过神奇的碳元素搭建出了丰富多彩的碳基生命。

所以毫不夸张地说，碳是地球生命的基石。

④ 碳为何如此特殊？

碳只不过是一种元素，为何能构成多种多样的物质？碳为何如此特殊？

（1）碳"同位素"

同样是碳元素，其原子具有相同数目的质子，但中子数目却不同，我们称之为碳的"同位素"。

自然界中，碳的同位素主要包括碳-12、碳-13、碳-14等。

碳-12和碳-13是稳定的同位素，它们可以存在很长时间不变化。

碳-14却是一种有个性的同位素。

碳-14没有持久性，它多出来的两个中子让其具有了放射性。这就相当于，随着时间的推移，它会通过损失中子的方式达到稳定的状态。这个过程叫作衰退。

相对于碳-12（98.89%）和碳-13（1.1%），碳-14非常微量。地球上每出现10 000个碳-12，可能才会出现1个碳-14。

碳-12
98.89%

碳-13
1.1%

碳-14
＜0.01%

（2）碳-14估算年代

碳-14有一个很特别和重要的应用。

无论什么物质，每当经过5730年，其中所包含的碳-14就会减少一半。因此，通过检测碳-14的含量，就能估算出这个物质距今的时间和所属的年代。

没错，这种方法最常用于考古中。无论是远古的植物，还是金字塔中神秘的木乃伊，通过碳–14的检测，都可以确定它所属的年代。

（3）碳能够形成多种多样的物质

碳能够形成多种多样的物质，是因为它有看不见的"4只手"。

不同元素拥有手臂的数量也不同。例如，氢原子只有1只手，这就意味着一次只能跟另一个原子手拉手；氧原子有2只手，这意味着同时能跟2个原子手拉手。

氢　　　　　　　　　　　氧

碳原子有4只手，这就意味着它最多可以同时跟4个原子手拉手。想想看，每个碳原子都有4只手，相互连接，上下、左右、前后，手拉手构成三维结构，就会创造出千差万别的各种碳骨架。

碳

1958年，科学家发表了关于碳有机化合物结构（以碳原子为骨架）的重要认识：1个碳原子可以与4个其他原子相连，碳原子间可以一个个相连成链。

几十、数百、成千、上万的碳链可以连接在一起形成超级长的分子。

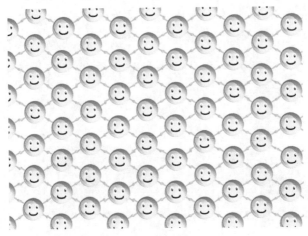

（4）碳原子能形成各种不同的结构

1个碳原子与4个相同种类的原子结合，这4个原子恰好位于正四面体的4个顶点，如甲烷。

甲烷

1个碳原子与碳及2个相同种类的原子结合，碳原子与这3个原子可以形成三叉结构，如乙烯。

乙烯

1个碳原子与碳及另一个原子结合，3个原子可以排列成一条直线，如乙炔。

乙炔

综上所述，1个碳原子可以最多与4个原子结合，形成四面体、三叉、直线等完全不同的结构。

⑤ 如果我们的星球变成硅的世界会怎样？

当你跑步的时候，二氧化碳从你的气管往外跑；当你开车的时候，二氧化碳从汽车的排气管往外跑。我们生活的世界，是一个与"碳"息息相关的世界。

那如果生命选择的是其他元素，如硅，世界会变成什么样呢？

（1）碳的替代品——硅

硅是一种类似碳的化学元素。像碳一样，硅也可以和 4 个原子结合形成分子。硅原子和硅原子之间也可以结合形成硅链。

硅链比碳链脆弱，在地球环境下，它是易断易碎的。因此，硅的存在并不稳定。

让我们想象一下，我们的星球变成硅的世界。

假设那是一个有着美丽大海的世界，很多硅分子会和水发生反应，生物分子在海洋中分解，它们无法生存。这些生物会死亡、分解，它们将变成二氧化硅。这意味着海滩上会有很多新鲜的沙子。大量的硅出现在沙滩上，无法很快进入硅循环，因为那些生物无法吃沙子或者呼吸沙子。

再假设那是一个非常寒冷的世界，在较低温度下，硅分子会变得比较稳定。但是，用硅创造有机体却是非常困难的。

（2）生物体由碳骨架而非硅骨架的物质构成

生物体由碳骨架而非硅骨架的物质构成，其原因可能有以下两个。

一个原因是单独的碳元素能够稳定存在。碳元素能以碳单质的形式稳定存在于地表，而硅则不能。因为硅会马上与氧结合，形成二氧化硅，即岩石的主要成分。硅都变成了岩石，无法作为生命的原材料被利用。

另一个原因是碳原子间能够形成双键或叁键，而硅原子之间却不能。双键会使分子产生三叉结构，叁键会产生直线结构，因此能够产生多种多样的分子结构。

第二章 碳的"大家族"

碳是我们用铅笔写字时落在纸上的黑色粉末，是闪闪发光、价格昂贵的钻石，是材料界冉冉升起的新星……怎么会有这么多不同的碳？

事实上，仅仅由碳元素组成的物质就有很多种。它们长相、性格都大不相同。

碳家族非常庞大。

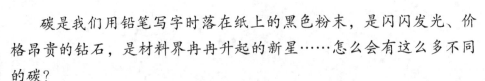

铅笔里有一根细细的铅笔芯，铅笔芯是用铅做的吗？为什么铅笔可以在纸上留下字迹？

（1）石墨

铅笔芯其实是一种碳的同素异形体，叫作石墨。高纯度的石墨被称为碳精或黑铅，以前被误以为是铅。所以，铅笔芯不是铅，而是石墨。

石墨的希腊文是"graphein"，意为"用来写"，由德国化学和矿物学家 A. G. Werner 于 1789 年命名。

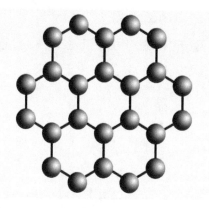

（2）石墨的特性

石墨是一种结晶形碳，质地柔软，有滑腻感。

石墨是黑的，就像木炭一样。这是因为石墨烯的正六边形网眼结构中有双键。照射到石墨上的光会被石墨烯双键部分的电子所吸收。因此，石墨反射的光线就会变少，看上去就变成了黑色。

石墨具有导电性和导热性，同样是因为石墨烯的双键。双键部分的电子能够移动，所以石墨能够导电、导热。

（3）铅笔为何能留下字迹？

铅笔之所以能写出字，与石墨的结构有很大的关系。

石墨是由碳原子构成的膜一层层堆积而成。每一层碳原子膜是正六边形的网眼结构，厚度仅仅为一个碳原子厚。

碳原子膜与膜之间通过范德瓦尔斯力相结合。所谓范德瓦尔斯力，就是一种作用在分子之间的弱电磁力。

　　铅笔芯能在纸上留下字迹，同时不把薄薄的纸弄破，就是因为范德瓦尔斯力非常弱，很容易一层层地脱落下来。

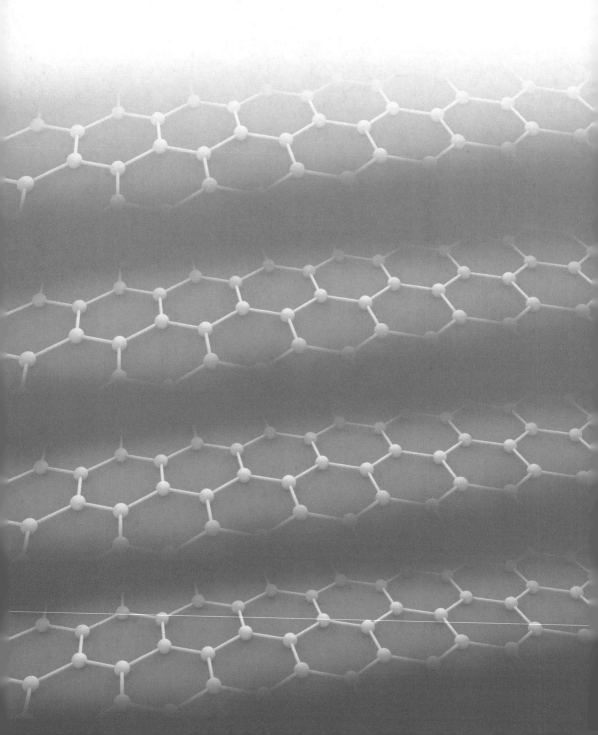

② 碳是如何变成钻石的？

很难想象，脆弱的铅笔芯是碳，而坚硬的钻石也是碳。其实，钻石和铅笔芯都是碳家族的成员。只是它们生成的环境不一样，碳原子的排列方式不一样，因而长成了完全不像的两兄弟。

（1）金刚石

钻石，也叫金刚石，被认为是自然界中天然存在的最坚硬的物质。其坚硬的原因在于其中所有的碳原子都通过牢固的共价键立体地连接在一起。

共价键是原子间结合力最强的化学键，如金刚石的碳原子共价键形态。

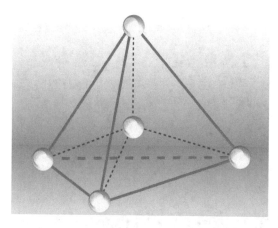

这种基本结构叠加就形成了金刚石这种格外坚硬的物质。

（2）金刚石的特性

虽然石墨是黑色不透明的，金刚石却是无色透明的。因为照射到金刚石上的光，并不会被电子吸收。

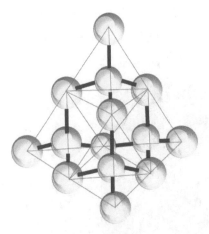

石墨可以导电，而金刚石却无法导电。因为给金刚石通电时没有能够移动的电子。

金刚石的导热性很好。热与电不同，即使电子不移动，通过原子振动也可以传导。金刚石的碳原子之间强有力地结合在一起，因此比较容易导热。

（3）钻石的发现

"钻石"，这一名词最早起源于希腊文字"adamas"（意为"坚不可摧"）。几十亿年前，当地球表面的岩石被牵引到地幔中，碳物质经受了各种温度和压力后，形成了钻石。因此，在大多数情况下，构成钻石的碳物质直接来源于岩石本身。

据报道，2012年美国耶鲁大学的研究人员发现了一颗围绕类日恒星运行的钻石星球。这颗名叫55 Cancrie的星球表面没有水或岩石，有的只是闪闪发光的钻石。

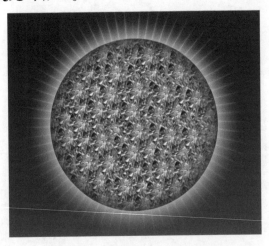

③ 长得像足球的碳是什么？

这个看起来像足球一样的分子结构，叫富勒烯（碳60）。它是继金刚石、石墨之后发现的第3种碳的单质，即仅仅由碳组成的物质。其实，它比足球贵很多。2014年，英国牛津大学实验室以每克近10亿元的价格售出了富勒烯。

（1）富勒烯的发现

足球是由12个正五边形和20个正六边形拼接而成的，共60个点。同样，60个碳原子以与足球相似的排列方式构成了富勒烯的结构分子。

1985年，科学家发现了碳60，由于与美国建筑学家巴克敏斯特·富勒设计的加拿大蒙特利尔世界博览会球形圆顶薄壳建筑形态相似，因此得名"富勒烯"。

罗伯特·科尔
(Robert F. Curl)

哈罗德·沃特尔
(Sir Harold Walter Kroto)

理查德·斯莫利
(Richard Errett Smalley)

注：富勒烯（碳60）的3位发现者于1996年获得诺贝尔化学奖。

1990年，科学家又发现了制备富含碳60和碳70等富勒烯烟灰的方法，使大量制备富勒烯（碳60）成为可能。

此后，富勒烯在物理、化学、材料、生物化学、医学、生命科学等领域得到广泛应用。

（2）富勒烯家族

富勒烯其实是由不同个数的碳原子构成的笼子状分子的统称。在碳60被发现后，其他的笼状碳分子也相继被发现。例如，比较小的碳20、碳36；比较大的碳70、碳76、碳78、碳82、碳84、碳90、碳96……

现在，富勒烯家族在全世界备受欢迎。由于它特殊的结构和性质，富勒烯在许多领域都有广泛的应用前景。它在纳米界被称为"纳米王子"，是未来20年最具影响力的新材料之一。

富勒烯最大的特点是吸引电子的能力很强。由于这一特性，富勒烯正在被研发用在新型的电池中。此外，由于富勒烯具有大量合成的能力，也被用来混入塑料中提高强度，或加入机油中提高润滑效果。

（3）护肤品界的应用

由于富勒烯能够亲和自由基，具有极强的抗氧化能力，能够起到活化皮肤细胞、预防肌肤衰亡的作用。因此，21世纪以来，富勒烯开始被用作化妆品原料，具有抗皱、美白、预防衰老等价值，成为备受瞩目的尖端美容成分。许多护肤品含有富勒烯成分。

（4）太空中有富勒烯吗？

起初人们认为这种高度对称的完美分子只能在实验室的苛刻条件下或者星际尘埃中存在，然而1992年美国科学家在用高分辨透射电镜研究一种出自俄罗斯的数亿年前的地下矿石时，发现了碳60和碳70的存在。2010年，加拿大西安大略大学科学家在6500光年以外的宇宙星云中发现了碳60存在的证据，他们通过太空望远镜发现了碳60特定的信号，说明富勒烯在亘古前就存在了。

④ 富勒烯的"亲兄弟"是谁？

"飞刃"是著名科幻小说《三体》的高科技武器。它是一种高强度肉眼看不见的纳米材料，直径仅为头发丝的百分之一，但韧性却强的可以吊起一辆大卡车。如果布置在路面上，可以轻易切断路过的行人或汽车。

虽然这样的场景只在小说或电影里出现，但现实中科学家们也发现了类似的东西——碳纳米管。

碳纳米管，可谓富勒烯的"亲兄弟"，它于1991年被发现。两者从外形看，都好似卷起来的细铁丝网。

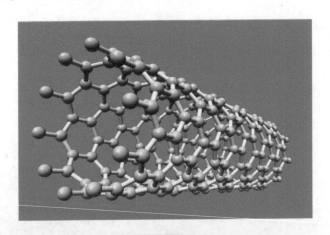

（1）碳纳米管的发现

1985 年，富勒烯被发现。1990 年，大量合成富勒烯的方法被发明出来，全世界的科学家几乎都在忙着研究合成富勒烯。这个时候，日本科学家饭岛澄男另辟蹊径。他用电子显微镜观察碳渣后，发现了前所未有的物质——碳纳米管。

（2）碳纳米管的特性

碳纳米管是迄今为止发现的力学性能最好的材料之一，其单位质量上的拉伸强度是钢铁的 276 倍，远远超过了其他材料。

碳纳米管有着不同寻常的特性，它被用在实验室的晶体管、软质防弹衣和电线上。这些材料有着惊人的复原能力和耐磨耐撕扯的能力。这让碳纳米管备受欢迎。

⑤ 笔真的比剑更有威力吗?

碳作为木炭和金刚石的成分,自古以来就为人所知。即使如此,从 20 世纪末到 21 世纪初,人们先后发现了富勒烯、碳纳米管等仅由碳元素构成的新材料。

2004 年,石墨烯被发现,碳家族的一颗新星冉冉升起。

(1) 石墨烯

石墨烯,顾名思义,与石墨有关。石墨是由一层层的碳原子膜组成的,这种碳原子膜就被称为石墨烯。

很难想象,石墨烯就在每天用来写字的铅笔里。

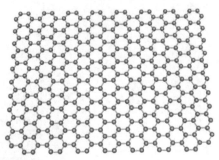

(2) 石墨烯的发现

2010 年 10 月,英国曼彻斯特大学的科学家安德烈·盖姆和康斯坦丁·诺沃肖洛夫因在石墨烯材料方面的突出贡献,被授予 2010 年诺贝尔物理学奖。

◀ 安德烈·盖姆

康斯坦丁·诺沃肖洛夫 ▶

令人惊讶的是，2004 年，两位科学家竟然是用最"土"的方法、最便宜的工具——透明胶带完成了实验，在石墨上成功分离出了石墨烯。

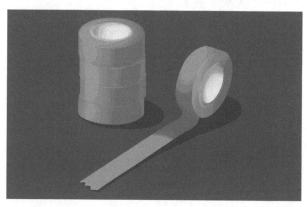

石墨是由碳原子构成的膜一层层堆积而成的，因此他们想到按层剥离。用透明胶带在石墨上黏住再撕开，就会撕下一片石墨薄片，重复操作，让薄片按层分开，如此反复。他们成功地将石墨薄片做成了石墨烯的 10 层厚。

后面，再经过实验室热解剥开等步骤，取得了最薄的石墨薄片——石墨烯。

（3）石墨烯的特质

当石墨变成石墨烯，令人惊叹的是，它的"性格"发生了巨大的变化。

它再也不是那个一用力就断、一摔就碎的石墨。石墨烯的硬度很高，它的强度比世界上最好的钢铁还高 100 倍。

石墨烯还是目前已知导电性最好的材料。它将会被用到各种最新的电子设备上，在人类未来科技的舞台上大放异彩。

科学家称它为"改变世界的新材料"。

拿破仑曾经说："笔比剑更有威力。"谁能想到，200多年后，人们真的发现铅笔中竟然包含了地球上强度最高的物质——石墨烯。

第三章
无处不在的碳的化合物

碳在地球上的元素中质量占比只有0.08%，由碳元素所创造出的化合物却比其他百余种元素所创造的加起来都还要多。

除了地球生命，日常我们的食物、衣服、石油与煤等燃料、塑料、橡胶、药品……无一不是由含碳的化合物构成的。含碳的化合物无处不在，我们生活的方方面面都离不开含碳化合物。

① 碳为什么是"元素之王"？

碳家族的足迹远不止在铅笔、钻石和材料界，有机世界才是它更大的舞台。有机世界是碳的化合物的世界，因为可以形成碳的化合物，碳元素可以称得上"元素之王"了。

（1）有机化合物

以前，人们以为有机化合物是"生物活动产生的物质"。生物有"生命力"，生物活动产生的化合物就是由生命力所制造出来的。

直到，尿素的发现。

1928 年，德国科学家弗里德里希·维勒在实验室里成功制造出了一种有机化合物——尿素。人们才知道，有机化合物也是可以在实验室的烧瓶里合成的，而并不全是由生物活动产生的。

（2）有机化合物是碳原子构成骨架的化合物

那么，有机化合物到底是什么呢？

科学家首先发现，有机化合物都是由 1 个碳原子与 2 个氢原子构成的"零件"（$-CH_2-$）的集合体。

科学家又发现 1 个碳原子最多可以和 4 个氢原子相结合，碳原子之间能够像链条一样一个个连接在一起。后来，又发现了 6 个碳原子连成的六边形的环。

就这样，科学家们明白了有机化合物是以碳为骨架的化合物，碳原子与其他原子共同连接成链或环。

（3）有机化合物和无机化合物

有机化合物（含碳原子）和无机化合物（不含碳原子）的差别究竟是什么？

事实上，它们两者并非完全由是否含碳原子区分。真正起决定性作用的是分子结构。

大致来说，无机化合物坚硬，不易变形。原因在于组成岩石等物质的分子都是由构造相同的原子叠加构筑起来的，内部一点儿空隙都没有，原子根本无法动弹。

而有机化合物较为柔软，有弹性。在氢等元素的作用下（详见本章下一节），碳骨架仿佛被包裹起来，变化幅度很大。

因此，一些简单的含碳的化合物，如一氧化碳、二氧化碳、碳酸、碳酸盐和碳化物等，由于它们的组成和性质与其他无机化合物相似，通常也被认为是无机化合物。

（4）元素之王

事实上，正因为可以形成化合物，碳元素可以称得上是"元素之王"了。现在，在天然环境中发现的和由科学家人工合成的化合物种类，加起来已经超过 7000 万种。其中，含碳的种类几乎占了 80%。由碳元素所创造出的化合物世界，甚至比其他百余种元素所创造的加起来还要多。

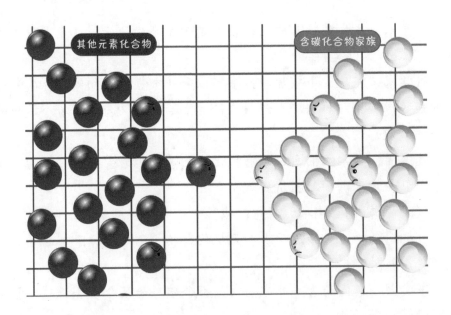

② 碳元素重要的小伙伴们是谁？

大部分的碳有机物都具有与碳家族本身全然不同的性格特征，它们柔软、有弹性、可弯曲，甚至具有流动性。

（1）氢元素

会有如此不同，都是托了氢元素这个伙伴之福。氢元素总是与碳元素相伴出现，它是碳元素最重要的小伙伴。

天然气的主要成分甲烷、塑料的主要成分聚乙烯、胡萝卜的主要色素胡萝卜素……这些分子所具有的性质不同，但都是由碳原子和氢原子构成的。碳元素构成分子骨架、氢元素提供分子间隔，让有机化合物的世界变得无比丰富。

从元素周期表中，任意选择两种元素，能够组成的化合物种类都相当有限。例如，氧元素和氮元素结合组成化合物，就只有一氧化氮（NO）、二氧化氮（NO_2）、笑气（N_2O）等屈指可数的几种而已。

　　但是由碳元素和氢元素所组成的化合物，目前已知数量有数百万种，而且可能还可以创造出更多种。

（2）氧和氮元素

　　除了氢元素，碳还有两位重要的小伙伴——氧和氮，它们给了碳的化合物"个性"。

　　碳和氢虽然能够组成许多不同的化合物，但这些物质基本上全都具有油一般的性质。不过，当这些化合物加入氧和氮，情况就不一样了。例如，氨基酸与糖，就是因为含有大量氧和氮，因此十分容易溶于水。

　　另外，氧与碳、氮与碳，并非像碳与碳的结合那样坚韧，而是很容易断裂、分离，这样它们就可以更好地与其他分子结合或分离。如果仅有碳和氢，会缺乏了许多反应活性，而氧和氮的加入，让有机化合物能够兴致盎然地进行各种反应，从而造就了这个充满活力的化合物世界。

　　构成人体的元素中，碳、氢、氧、氮4种元素就占了将近99%。其他的元素有时虽然也扮演着重要角色，但从总量来看，实在占比很小。

　　碳，这个"元素之王"，正是由于氢、氧、氮3位小伙伴的加入，才能够创造其在有机世界的奇迹。

③ 生活中碳的化合物有哪些？

　　我们很难想象，碳在地球上的元素中质量占比竟然只有0.08%。可是，含碳的化合物却无处不在，围绕在我们的生活中。

　　空气中的二氧化碳，是元素碳与元素氧的化合物。我们吃的食物，如粮食、油料、肉类；穿的衣料，如棉、麻、皮革；各种燃料，如煤、石油、天然气，这些都是碳的化合物。

　　除了不含碳的金属、玻璃，放眼望去，生活中哪一样不是与碳的化合物有关？

碳的化合物

吃的食物：油料、粮食、肉类
穿的衣料：棉、麻、皮革
各种燃料：煤、石油、天然气

（1）纤维素

　　木材是现代家具的主要原料。它取自于植物躯干，是被称为纤维素的一种碳的化合物。

　　纤维素与淀粉相同，都是由葡萄糖分子联结在一起构成的，但两者的性质却截然不同。事实上，蔬菜中的食物纤维，我们身上穿的棉麻衣服，在文明史中占有重要地位的纸，几乎都是由纤维素构成的。

（2）塑料和橡胶

塑料和橡胶，是人工合成的碳的化合物。

塑料和橡胶仅仅是统称，它们家族成员真实的构造其实千差万别，都是由含碳小分子联结成大分子后的产物，也叫作"聚合物"。构造上的微小差异，在成为巨大分子后，性质会产生惊人的差别。与纤维素不一样，聚合物通常不能被水、空气、细菌所破坏，这就是为什么塑料、橡胶不像其他物质一样能在自然界中轻易分解。

（3）**药品**

药品，是分子设计的终极目标。

药物必须能在体内上万种蛋白质之间进行选择，与某些蛋白质进行结合反应，与某些蛋白质则毫无反应。由各种含碳的化合物所构成的药品中，便记载了这些信息，决定了药品能够克服哪类疾病。

这些物质也许外在看似无关，但却有着共同的内在，那就是碳的化合物。

正是为数不多的碳元素，聚集成了我们的生命，构成了生活中无处不在的碳的化合物。

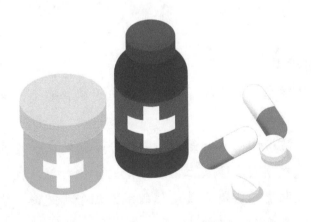

④ 有臭味的芳香族是什么？

碳的化合物中有一个族群叫芳香族。芳香族化合物是一种碳氢化合物。历史上，从某些植物中提取出了具有芳香气味的物质，被称为芳香族化合物。然而，现代的芳香族确实都具有"芳香性"，只是有些却是臭的。

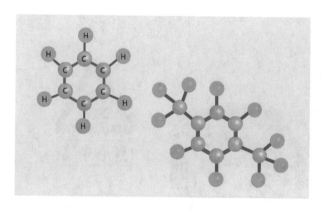

（1）神奇的苯环

碳可以形成的构造实在太多了。一旦与其他原子形成化合物，就更加"任性"，拥有无限可能。

芳香族化合物，是分子中含有苯环的一种有机化合物。什么是苯环？

苯环是由 6 个碳原子构成的六元环，每个碳原子又有 6 个氢原子"守护"。

据说，德国化学家凯库勒因为对某种物质的结构搞不清楚而非常烦恼。1865 年的一个晚上，他梦见了一条蛇，蛇突然就咬住了自己的尾巴，形成了一个环，并且开始不断转圈圈，因此发现了苯环的结构。

（2）臭的"芳香族"

芳香族最简单的成员是苯（C_6H_6），由6个碳原子和6个氢原子构成。

然而，作为芳香族的苯，气味却不是那么好闻，是一种难闻的药品味，并且具有致癌性。生活中，如果碰到苯，要尽量避免吸入。

所以，有机化合物带有苯的正六边形环才是决定它属于芳香族的关键。即使带有芳香，如果没有苯环，也不能算芳香族化合物。

（3）香的"芳香族"

当然，不能因为家族中的异类就认为整个芳香族徒有虚名。它们中的很多确实是身怀异香，比较熟悉的有薄荷、樟脑、茴香油等。

与臭味的苯分子式相似的一种物质是苯甲醛（C_7H_6O），是一种带有芳香的有机物，主要存在于苦杏仁等的果核中。人们经常合成苯甲醛，其可用于制作香料。

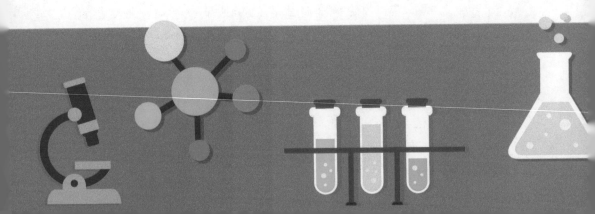

薄荷　　　　樟脑

茴香油　　　　香皂

　　碳原子之间相结合不仅能形成碳链，还能形成碳环。因此，才有形态各异的碳的化合物。

⑤ 碳的化合物王国中的能源王牌是谁?

真正的能源王牌登场了,那就是石油。石油到底是什么? 它从哪里来? 石油造就了怎样的碳的化合物王国?

(1) 石油是碳氢化合物的集合

"石油"这个中文名称是由北宋大科学家沈括第一次命名的。据说,古埃及人、古巴比伦人在很早以前就已经开始开采利用石油。根据已经发现的史料,中国是最早发现和利用石油的国家之一。

现代社会生活中,我们对石油并不陌生。它主要被用来作为燃油和生产汽油。那么,石油的成分是什么呢?

事实上,石油是由具有各种各样结构的碳氢化合物集合所形成的。它具有特殊气味,呈深褐色,是一种可燃性油性液体。

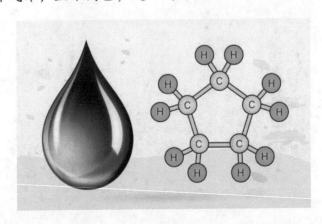

（2）石油的由来之谜

关于石油的由来，现在主要有两种说法。一种说法较广为接受，认为石油是埋在地下的远古生物的尸骸经过长年累月的变质后化为的液体；另一种说法认为，石油是地壳内本身的碳生成的，与生物无关。两种说法各有证据，至今无法形成定论。可以说，石油目前来说还是一种来源不明的物质。

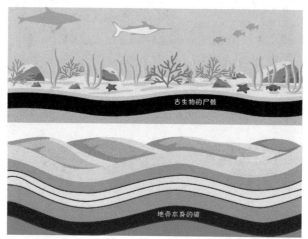

（3）石油的开采

15 世纪末（1492 年），意大利探险家哥伦布到达北美大陆，而在这之前，这里的原住民已经在利用原油了。所谓原油，是指刚从地下采集上来的石油，是以多种碳氢原子构成的有机化合物为主要成分的液态物质。原住民用这些偶尔从地下渗出的原油涂抹关节，当成治疗关节炎的药物。

1859 年，美国人埃德温·德雷克带领工人展开挖掘，试图找到可以用作照明燃料的原油。当他们挖到地下 20.4 米以后，洞中出现了一层浓稠的黄褐色液体，这些液体就是石油。这也是人类首次成功开采出石油，从而拉开了人类利用石油的序幕。

（4）石油工业

石油工业是现代生活的基础。

石油，除了是为现代社会提供动力的燃料外，还是生产塑料、橡

胶、药品、合成纤维等重要生活用品的原料。石油是各种碳氢化合物的集合，所以，简单来说，石油工业就是通过一次一次加工，把石油转化成不同用途的产品，从而更便于人类使用。

碳的化合物的世界如此丰富多彩。人类的未来离不开碳这种神奇的元素。

第四章 自然界的碳循环

　　无论是碳家族本身，还是碳的化合物王国，地球上的这些碳究竟在如何活动？

　　我们知道，物质既不可能被创造也不可能被毁灭，但是，物质却经常被改变。碳也是如此。

　　上天入地、穿山越水，碳在不同地方变身、运动。科学证据显示，我们今天所看到的碳循环已经持续发生了20多亿年。

　　然而，在过去的300年里，人类在碳循环中扮演着越来越重要的角色。

1 碳库里藏着什么？

　　地球上有4个碳仓库：岩石圈、大气、海洋和生物圈。这4个仓库储存着各种形式的碳，碳家族成员在这些仓库内工作。

　　其中，99%的碳都居住在岩石圈，它们形成了碳酸岩、页岩和化石燃料等。人类燃烧的化石燃料，如果未被人类开发利用，可能就会永远储存在地表以下。当然，目前的情况远非如此。

（1）海洋中的碳

那么，大气、海洋和生物圈，哪个仓库的碳最多？大气层那么大，

有很多的二氧化碳，大气中的碳是最多的吗？事实上，海洋里都是水，碳却是三者中最多的。大气、海洋和生物圈中，90%以上的碳都在海洋里。

那么多的海洋生物，海藻、浮游生物、珊瑚……它们都需要吸收二氧化碳并储存在体内。贝类水生动物的外壳由大量碳酸钙组成。同时，海水中还溶解了无数的二氧化碳。

（2）大气中的碳

大气中的碳其实很少，只占了2%～3%。

可是，近几十年来，随着人类工业活动排放大量的二氧化碳，碳从岩石圈来到了大气中，大气中的碳越来越多了。

结果，海洋中的碳也遭殃了。大气中太多的碳跑到海洋中，导致海水酸化。海洋生物生存环境大幅改变，往日的平静被打破了。

（3）碳源和碳汇

与碳库相关的两个重要词汇是"碳源"和"碳汇"。

"源"定义为任何向大气中释放温室气体的过程、活动。"汇"定义为从大气中清除温室气体的过程、活动。

人类活动导致有些碳库成了碳源，有些碳库成了碳汇。例如，岩石圈碳库变成了巨大的碳源，而海洋碳库则是巨大的碳汇。

② 碳与生命之树有关吗？

假如我们穿越到数十亿年前的地球会如何呢？那时的地球大气中，二氧化碳的含量远远高于现在，氧气却很少，我们会无法呼吸。

那么，这一情况是如何改变的呢？后来发生了什么？

（1）光合作用

我们已经讲过，一些简单的含碳化合物，如一氧化碳、二氧化碳、碳酸、碳酸盐和碳化物属于无机化合物。事实上，无论何种形式的碳，无论有机还是无机，都可以相互转化。

我们生活的地球充满了象征生命的绿色，田野、草地和森林由无数绿色叶片组成。叶片虽小，却是一个个精密的"碳加工厂"。叶片可以利用太阳光，加上从周围空气中吸收的二氧化碳和从土壤中吸收的水，启动碳加工厂加工，最后转变成碳水化合物，并释放氧气。

这一从无机物变成有机物的过程被称为"光合作用"。

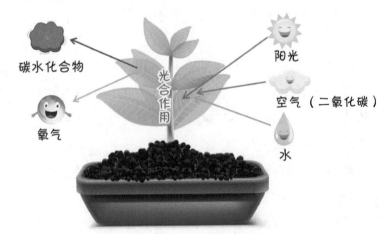

（2）碳固定者

植物细胞中有一个叫"叶绿体"的机器，通过叶绿体，植物可以吸收太阳光，驱动反应循环，利用空气中的二氧化碳形成糖分子的骨架。这一固碳过程被称为"光合作用"。

光合作用避免了大气被二氧化碳充斥，同时为植物提供糖类燃料。

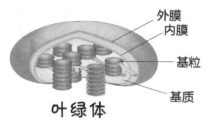

外膜
内膜
基粒
基质

叶绿体

（3）生命发动机

光合作用是最重要的碳循环过程，地球上所有食物的"源头"，归根结底都来自光合作用。

光合作用不仅保证植物生长自给自足，还为人类、动物、微生物等绝大多数生物提供生长繁殖所需要的碳水化合物。可以说，光合作用是地球的生命发动机。

（4）呼吸作用

自然界正常的碳循环是平衡的。植物通过光合作用吸收二氧化碳，储存有机物，释放氧气；又能通过呼吸作用，将有机物氧化分解，最终生成二氧化碳。

生物的生命活动需要消耗能量，这些能量来自生物体内糖类、脂类和蛋白质等有机物的氧化分解。生物体内有机物的氧化分解为生物提供了生命活动需要的能量。

无论是从无机物变成有机物，还是从有机物还原成无机物，在碳循环的过程中，地球生物圈一直运转并且不断繁荣。

呼吸作用
二氧化碳
氧气

3 自然界中的碳如何循环？

在自然界中，碳原子上天入地，在土地、水和大气中运动。碳围绕地球生命的运动比任何一种元素都要活跃，我们称之为"碳循环"。

碳循环

碳循环是碳在世界不同地方之间的运动。这种循环依赖着地球各个部分的相互作用：陆地、水圈、大气层、生物圈。碳循环周而复始，日夜不息。

陆地上的碳循环

在陆地上，植物通过光合作用吸收大气中的二氧化碳，转化为有机物，储存在树干中供自己生长。同时，植物也通过呼吸作用，向大气中释放二氧化碳。植物死后，会腐烂并成为土壤中的一部分。经过一段时间的积累，这些土壤中的一部分会沉积下来，形成煤、石油等化石燃料。

燃烧化石燃料，储存在其中的碳再次以二氧化碳的形式进入大气中。

燃烧树木同样会向空气中排放二氧化碳。

大气层中的碳循环

地球周围围绕的层层空气组成了大气层。大气层中的碳主要以二氧化碳的形式存在。大气中的二氧化碳主要来自动物的呼吸、火山爆发及生物尸体腐烂等。近几年来，化石燃料和树木的燃烧产生了大量二氧化碳。

生物圈中的碳循环

生物圈由地球上所有的生物组成，生物圈的碳循环也发挥着重要作用。

人类吸入氧气，呼出二氧化碳；牛羊排放甲烷（甲烷也是一种含碳物质）。生物死亡后，细菌和真菌会通过"腐烂"的方式释放生物体内储存的碳。其中一部分作为它们的食物，剩余部分则释放到大气中。

一些动物死去的方式可能导致身上的碳元素无法轻易被释放，这些碳元素最终会变成石油。然后，我们人类又会把这些石油从储存地开采出来，燃烧它们。碳再次回到大气之中，说："妈妈，我回来了。"

水中的碳循环

在水中，二氧化碳溶于水，并从大气中进入海洋。较少的二氧化碳从海洋进入大气。像陆地上一样，海洋中的植物也利用水中二氧化碳进行光合作用，储存碳。

④ 碳与能量是什么关系？

当我们点燃篝火，木材燃烧，火光照亮了夜空。这火光就是能量。这些能量源于树木生长过程中的碳积累。

（1）化石燃料

我们也使用其他能源。煤炭、石油、天然气，这些能源并非几年、几十年产生的，而是经过了几百万年才形成的。它们体内的碳是千百万年前，在太阳光和空气的共同作用下，积累起来的。燃烧这些能源，千百万年前的能量也就随着一同释放了出来。

煤炭、石油、天然气，它们还有一个名字——化石燃料。

它们都是含碳物质，在生物被埋葬后，经过了数百万年的压缩而形成，就像"化石"一样（化石是存留在岩石中的古生物遗体、遗物或遗迹）。

化石燃料燃烧，可以释放巨大的能量，从而推动机器产生动力。

（2）工业革命

18 世纪六七十年代，英国科学家詹姆斯·瓦特发明了蒸汽机。蒸汽机通过燃烧煤，产生热能，为机械、火车提供推动力，从而结束了人类对畜力、风力和水力的由来已久的依赖。

工业革命，其实就是一场能源的革命。

然而，这场能源变革所带来的不只是正面的变化，当时的人们还不知道，工业化所伴随的各种危害正开始发生，并将在不久的将来危害到人类的生存。

（3）人体"内燃机"

科学家也因此明白了，给予我们人类动力的同样是燃烧。人类就像一个"内燃机"，燃烧着碳的化合物，释放能量，驱动我们全身各组织、各器官的运动。

没有能量，就什么都没有。

⑤ 人类活动在碳循环中扮演什么角色？

碳循环有点像"多米诺骨牌"，其中某一环节出现了偏差或变化，会引起其他各个部分的变化。就像多米诺骨牌一样，形成连锁反应。如果不借助外力，很难停下来。

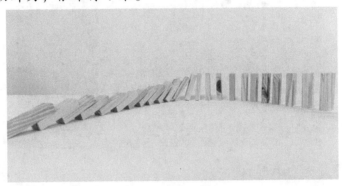

现在，人类活动就动了其中一张牌。近年来，由于人类工业活动排放了越来越多的二氧化碳，大量碳元素排到了大气层中，导致地球上的碳循环失衡了。

（1）大气中的二氧化碳浓度

在正常情况下，自然界的碳循环是平衡的。但由于工业革命的发展，人类大量燃烧煤、石油和天然气，导致在地层中千百万年来积存的那些已经不参与碳循环的碳，在短时间内又被释放了出来。

根据 2018 年 8 月美国国家海洋和大气管理局发布的报告，2017年地球大气层中二氧化碳浓度为 0.0405%，达到了 80 万年来从未见过的高浓度水平。除了二氧化碳，大气中甲烷的浓度也达到了有记录

以来的最高值。

地球上的碳太多了，碳循环失衡了。

（2）温室效应

失衡的碳循环导致地球温室效应的增强。

大气中二氧化碳浓度不断上升，地球太阳光辐射到达地面，地面受热后向外放出大量热辐射线被大气中的二氧化碳等物质吸收，从而使大气变暖。这就好像大气中的二氧化碳形成了一层厚厚的玻璃，使地球变成了一个大暖房。

现在，这层玻璃越来越厚，温室效应在增强，地球的温度在升高。

（3）碳循环"多米诺效应"

大气中的碳多了，经由碳循环到达陆地上、海洋中和生物圈。据研究，农作物的营养素正在变少，海水正在酸化，珊瑚礁岌岌可危……生物碳循环的"多米诺效应"正在继续和蔓延。

但我们不是没有机会。

一方面，我们可以减少碳元素被释放到大气中，从源头上控制碳；另一方面，我们可以把那些已经释放的碳元素从大气中移走，并藏到别的仓库里。

这要看我们人类准备扮演什么角色了。

第五章 碳与人类文明

① 古人的低碳思想有多超前？

我们的祖先是很聪明的。桑基鱼塘、坎儿井、水车磨坊、风车提水灌溉、天车开采……中国古代的劳动人民很早以前就开始运用自己的智慧，践行低碳生活了。

（1）古代的空调

有人说，21世纪人类最伟大的发明是空调。其实，早在唐朝就出现了一种供人们消暑的"凉屋"，也就是古代的空调房。这种"凉屋"一般傍水而建，水循环带动扇轮旋转（犹如水车磨坊），进而将水的凉意送入屋子。还有一种是利用机械能将水送至屋顶，然后宛如"水帘"而下，使屋子保持凉意。"凉屋"降温效果好，空气更清新，还别有一番趣味。

（2）古代的交通工具

"两岸猿声啼不住，轻舟已过万重山。""停车坐爱枫林晚，霜叶红于二月花。"……古人出行，很容易让人联想到的交通工具是马车、小船。在古代，交通只有水路和陆路。除了安步当车，古代的交通工具主要有马、驴、轿子、船。过去的两千年，交通工具在很长时间里没有根本性地变革。没有工业化，没有碳排放。

（3）古代的农业生产

桑基鱼塘是中国古代特有的农业生产方式。"塘基种桑、桑叶喂蚕、蚕沙养鱼、鱼粪肥塘、塘泥壅桑"的生产方式能有效克服水涝，取得理想的经济效益，同时又能减少环境污染，形成种桑、养蚕和养鱼相辅相成的优美景观及丰富多彩的蚕桑文化与鱼文化，被誉为生态文明建设的样板。

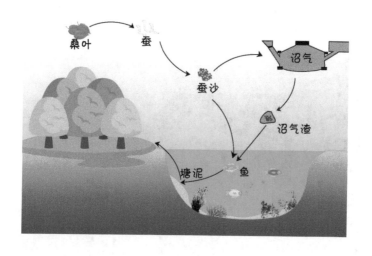

（4）古代的开采技术

天车是中国神话传说中羲和载日的车。李白《早秋赠裴十七仲堪》一诗中写道："南星变大火，热气余丹霞。光景不可回，六龙转天车。"四川自贡盐场的天车被誉为奇观之一。自贡天车是以若干杉木连接，以竹篾绳捆扎成巨大的支架，竖立于井口，用于采卤、淘井、治井。在古代，有以天车开采天然气、盐等记录。

（5）古代的生产工具

早在汉朝时期，古人就开始利用水车磨坊生产谷物了。水车磨坊是利用辘轳或者水涡轮驱动机械，可用于生产面粉、木材或纺织品等。一个用于发电的水车磨坊就是一个水力发电机。

古人的生活与大自然和谐、融洽，然而，科技在不断进步，一个新的时代终将被点亮。

② 一支蜡烛的燃烧记载了什么？

（1）一支蜡烛的化学史

1860年，伟大的英国物理学家、化学家迈克尔·法拉第，发表了题为《一支蜡烛的化学史》的系列演讲。他从一支蜡烛开始讲，打开了进入生命本质的大门：

当我告诉你，碳的奇妙活动是什么，你会感到很惊讶。一支蜡烛会燃烧4～7小时。那么，每天以碳酸形式进入空气中的碳数量该有多少！我们每个人呼吸时吐出的碳量该有多少啊！在这些燃烧和呼吸的过程中，碳必定发生了神奇的转变！一个人在24小时内把多达7盎司（约0.198千克）的碳转换成碳酸。光靠呼吸，一头奶牛则能转化70盎司（约1.98千克）的碳，用以供应当时自身的自然体温。所有温血动物都通过这个方式获得体温：转化处于化合状态而非自由状态的碳。对于在大气中发生的交替现象，碳的活动给予我们多么不寻常的概念！光是伦敦一地，24小时进行的呼吸作用就形成了多达500万磅（约2268吨）的碳酸，大致相当于548英吨（约557吨）木炭所能制造的量。那么，这些碳酸都去哪里了呢？都升入空中了！

法拉第知道碳升入空中，却不知道大部分的碳已经在那里浮了很久很久。

在法拉第对"碳的神奇转变"瞠目结舌的时候，科学家已经得出结论：二氧化碳和水蒸气把热抓住了。

迈克尔·法拉第

迈克尔·法拉第（1791年9月22日—1867年8月25日），英国物理学家、化学家。1831年10月17日，法拉第首次发现电磁感应现象，并进而得到产生交流电的方法，极大地推进了人类文明。同年10月28日，他发明了圆盘发电机，这是人类创造出的第一台发电机。由于他在电磁学方面做出的伟大贡献，他被称为"电学之父"和"交流电之父"。

（2）蜡烛和英国黑伞

工业革命时期的英国，已经像一支蜡烛一般被点燃了。蜡烛燃烧的火焰就是碳，一种散发出黄色光芒的黑色粒子。另有一种说法，英国人出门要带着黑伞，这是因为从18世纪晚期开始，黑色

粒子大量飘散在空气中，英国又是多雨的城市，雨滴会携带着空气中的煤灰，弄脏浅色的雨伞。

现如今，大气中的碳正在变得越来越多，比以往千百万年来的都要多。

整个地球就像一支蜡烛一般被点燃了。

③ 碳足迹是碳留在地上的印迹吗？

你知道什么是碳足迹吗？也许你首先想到的是那些留在地上的黑黑的脚印。碳足迹是脚印吗？

（1）碳足迹

碳足迹（Carbon Footprint），其实是我们眼睛看不到的。不是指地上的印迹，而是一种计量单位。它计量的是个人、企业、集体、国家行为所释放的温室气体数量，如开车上班、取暖、吃饭、穿衣……一个人日常生活的一举一动都伴随着二氧化碳等温室气体的排放，都会计入个人的碳足迹。

以"足迹"做比喻，说明我们每个人在向大气中排放温室气体时都会在地球上留下痕迹。

（2）碳足迹有多大

如果有人问你："你家的碳足迹是多少？"你应该怎么计算呢？

尽管很多行为的碳足迹很难被精确地计算出来，但粗略地估算碳足迹是可能的。

首先，你需要知道家庭每年在电、天然气、燃油等方面会花费多少钱。

其次，也需要知道每年开车多少千米，从家开到公司或学校有多少千米。

最后，当你取得了这些信息之后，可以登录 www.carbonfootprint.com。在网站上把语言选成中文，国家选"China"，就可以在中文界面进行计算了。

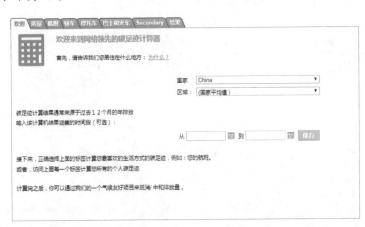

（3）碳足迹可大可小

一个人可能每时每刻都在产生碳足迹，只是采用的方式不同，产生的碳足迹大小也不同。

我们每个人、每个集体都应该从身边的小事做起，如果大家都可以让自己的碳足迹小一点，那么，积少成多，改变也将是显著的。

尽可能使用可再生能源，如风能、太阳能。

尽可能循环利用各种物品，并且购买环保产品。

尽可能使用碳排放较少的交通工具（如自行车或公共汽车）取代私家车。

尽可能减少闲置碳排放。例如，下班后及时关闭电脑。

再思考一下，哪些地方可以用更低碳的行为取代？

在欧盟，已经开始在产品上标示碳足迹，并且分配每一个人的碳额度，还用折扣、罚款的方式鼓励大家减少碳足迹。

④ 拯救地球的秘密藏在哪里？

停止化石燃料燃烧，减少温室气体排放。说起来容易，做起来难！至少至今关于减少碳排放的说法从未停止，却似乎一直举步不前。那么，拯救地球的秘密到底藏在哪里呢？

除了减少温室气体的排放，最有效的方法之一是尽可能多地吸收大气中的二氧化碳。这个过程可以称为"碳汇"。碳汇是指通过一种特定载体（如森林、海洋、湿地等）吸收大气中的二氧化碳并将其固化的过程和机制。

需要注意的是，不是吸收了就是碳汇，一定是要被"固定"、存储下来的才是碳汇。

（1）森林碳汇

森林植物吸收大气中的二氧化碳，并固定在植物或土壤中，从而减少了大气中的二氧化碳，被称为森林碳汇。大部分的碳通过树木的光合作用存储在树木里。

森林是陆地生态系统中最大的碳库。森林碳汇成本低、效果好，被认为是最有效、最经济的"减排大户"。

树木由50%的碳组成。当一棵树木开始死亡时，它还会继续隔绝碳。但是，一旦树根腐烂，树马上就会分解。随着树木分解，所有的碳又重新回到大气中，与大气中的氧气结合形成二氧化碳。

（2）海洋碳汇

海洋在全球碳循环中发挥着极其重要的作用。它储存的碳是大气碳库的50倍，是陆地碳库的20倍！人类活动排放到大气中的二氧化碳超过30%都被海洋吸收了。

海洋的碳都储存到哪里了呢？海带能碳汇吗？

海带碳汇的量是非常有限的。海带生命周期很短，存储下来的碳很快就会进入新的碳循环，无法被长期固定。此外，海带也没有发达的根系，无法将碳储存在土壤里。只有少数的海带叶片脱落，形成颗粒有机碳沉积到深海中，形成极少数碳汇。

事实上，海洋的碳大都储存到地下了。海草床和盐沼里储存的碳有95%～99%都储存在土壤里，而不是其上生长的植物里。即使是红树林，也有50%～90%的碳是通过红树林下的土壤固定住的。

5 卖炭翁＝卖"碳"翁吗？

　　　　卖炭翁，伐薪烧炭南山中。

　　　　满面尘灰烟火色，两鬓苍苍十指黑。

　　　　卖炭得钱何所营？身上衣裳口中食。

　　这是唐代诗人白居易的一首著名诗篇《卖炭翁》。卖炭的老翁，在南山上伐薪、烧炭，弄得满脸都是烟灰，十指都被熏黑了。卖炭是为了什么呢？只是想要换取衣裳和食物。为了把柴烧成炭，老人在尘灰里、在烟火旁受了多少煎熬！在这首诗里，白居易描述的是一个孤苦伶仃、艰苦劳动的老人形象，揭示了"宫市"（唐朝皇帝直接掠夺人民财物的一种最无赖、最残酷的方式）的罪恶。

　　古代卖炭翁，伐薪、烧炭，以卖炭为生。而我们现代也在卖碳，只是此"碳"非彼"炭"。

（1）碳交易

现代的"碳"怎样卖呢?

首先，我们要弄清楚，买卖的是什么"碳"？其实，现代的"卖碳"指的是买卖以二氧化碳为代表的温室气体排放权，是把二氧化碳排放作为一种商品，进行买卖交易。

买卖中，买"碳"的一方付钱给卖"碳"的一方，换回温室气体减排额度，从而实现其减排目标。作为卖"碳"的一方，可以通过各种方法，减少自身排放，低于国家、政府给予的额度。

可卖的"碳"＝配额－自身排放

这个过程我们称为碳交易。碳交易是为了促进全球温室气体减排，减少全球二氧化碳排放所采用的市场机制。

（2）碳税

碳税是根据化石燃料燃烧后排放碳量的多少，针对化石燃料的生产、分配或使用来征收税费。

征收碳税的目的是通过税收手段，抑制向大气中排放过多的二氧化碳。

征收碳税，首先由政府部门为每吨碳排放量确定一个价格，然后通过这个价格换算出对电力、天然气或石油的税费。征税使污染性燃料的使用成本变高，这会促使相关个人、机构减少燃料消耗，特别是污染性燃料的消耗，并进一步提高能源使用效率。

此外，碳税能提高替代能源的成本竞争力，使它们能与价格低廉的化石燃料相抗衡。

随着碳交易和碳税越来越普及，现代的卖"碳"翁们也越来越忙了。2017年全国碳交易市场正式启动，卖"碳"翁们有点激动，似乎离目标又近了一步。卖"碳"翁们的共同心愿是：多一份努力，少一份排放，多一片蓝天。

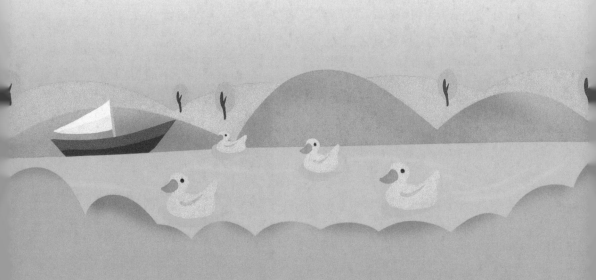

第六章　低碳新文明

72

① 如何捕捉"碳小子"？

某些时候，碳排放是不可避免的。这个时候，我们可以试试终极撒手锏——捕捉"碳小子"。把排出去的碳再抓回来，这是碳排放的一种末端治理方式。

（1）碳捕捉

碳捕捉，就是捕捉释放到大气中的二氧化碳，再用各种手段将捕捉到的碳加以储存或者利用。

捕捉碳，其实并不难。通过二氧化碳与某些物质反应，在低温状态下结合，在高温状态下再进行分离。另一种方法是，直接让煤和水发生反应，产生二氧化碳和氢气的混合物。这样就很容易将二氧化碳分离出来了，剩下的纯氢气可以用作燃料。

然而，真正麻烦的是下一步——碳储存或碳利用。

（2）碳储存

碳储存到哪儿去了呢？如何储存才不会泄漏呢？碳储存需要投入多少成本呢？这些都是问题。

假设将碳储存到地底下，需要符合很多条件。首先，需要一块在地下 1000 米的岩体。只有在这样的深度下，二氧化碳才不容易泄漏；其次，这块岩体还需要有很多的气孔或者裂缝来容纳二氧化碳；最后，还需要一块完全没有气孔和裂缝的岩层来封闭这些碳。

这个过程的成本高已经可想而知。因此，可以说，捕捉"碳小子"容易，关押"碳小子"却是个大问题。

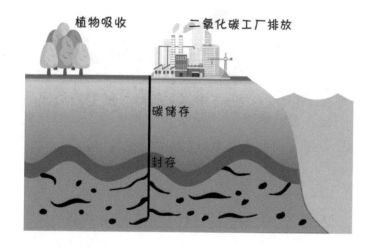

（3）碳捕捉与储存（CCS）

那为什么还是有这么多人坚持不懈地研究碳捕捉与储存呢？

因为这项技术本身存在巨大的潜力，无论是对气候变化的作用，还是可能产生的商业价值。而其主要取决于捕捉回来的碳是否被有效利用。事实上，被捕获的碳，不仅可以用于冶炼厂、汽车业，还可以将二氧化碳变废为宝，使石油的采收率提高到 40%～50%。

目前，已经有几个成功的碳捕捉与储存项目在进行中。例如，挪威的 Sleipner 项目，该项目是世界上首个将二氧化碳封存在地下咸水层项目，每年可封存 100 万吨二氧化碳；德国黑泵电厂，是世界上首个能捕捉与储存自身所产生二氧化碳的燃煤电厂。此外，中国于 2008 年在北京一个热电厂建造了二氧化碳捕集设备，更多的碳捕捉与储存项目正在规划建设中。

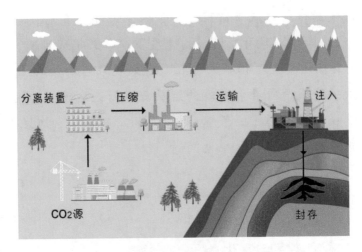

分离装置　压缩　运输　注入

CO$_2$源　封存

　　然而，这些都还只能算是尝试和示范。这些碳捕捉项目能够捕捉的碳相对于全世界巨大的碳排放量还只是微乎其微。要想大规模捕获二氧化碳，我们还有很长的路要走。

② 童话王国的绿色童话是什么？

《卖火柴的小女孩》《海的女儿》《丑小鸭》……我们对这些童话故事应该都不陌生。

童话王国丹麦，而今正在谱写着不一样的绿色童话。

（1）零碳

所谓的零碳，是指完全不排放碳吗？

零碳是指通过计算温室气体（主要是二氧化碳）的排放量，设计方案抵消"碳足迹"、减少碳排放，使抵消的碳排放量超过或等于排放的碳，从而实现零排放。

现在我们在做的低碳行为，都是逐步接近零碳的一部分。

由零碳衍生出来的名词有零碳生活、零碳能源、零碳交通、零碳社区、零碳家庭、零碳建筑等。

丹麦，作为实现碳排放零增长20多年的国家，一直致力于追求零碳的、可持续的发展模式。

（2）零碳城市

丹麦的森讷堡市已成为欧洲著名的绿色生态示范城市。2007年，该市开始实施"零碳项目"，设定了在2029年之前成为"零碳城市"的目标。要实现这个目标主要有3条路径：①提高能源效率；②加强对可再生能源的综合利用，包括大力推广集中供热技术；③使能源价格根据能源供应量浮动，合理控制能源消耗。

垃圾焚烧是森讷堡目前热能供应的主要来源之一。当地垃圾焚烧厂每年焚烧约7万吨废物，包括食品包装、纸盒和塑料等生活垃圾。通过采用新技术，燃烧效率达到了98%，焚烧炉实现了1000 ℃的稳定高温燃烧，减少了一氧化碳等有害气体的排放，净发电效率达49%。发电后产生的尾气被输送到余热锅炉以蒸汽的形式通过管道用于区域供暖。

同时，森讷堡还在探索如何更好地利用太阳能、地热能、风能及生物质能等多种可持续能源。目前，森讷堡有3个太阳能发电站，其中一个面积为6000平方米，年供电达2736兆瓦时。

"零碳项目"的一项创举是大力推广和发展"被动式正能量屋"，意为房屋产生的能量大于消耗的能量。太阳是被动式正能量屋最主要的能量来源，通过屋顶覆盖的太阳能电池板给房屋供暖供电，并通过绝佳的隔热层减少屋内热量损失，最大限度地降低能耗。在森讷堡，这样一个安装了太阳能电池板的"被动式正能量屋"平均每年可发电6000千瓦时。

（3）零碳灯塔

2009年11月，丹麦建成第一座零碳排放公共建筑——绿色灯塔。绿色灯塔可以实现能量自给自足。太阳能是主要的能量来源，灯塔顶部覆盖的太阳能电池板为灯塔的水泵、照明、取暖等设施提供电力。此外，灯塔采用的热回收系统、绝缘墙壁、保温玻璃等，使其能源得以更高效地使用，可谓"开源又节流"。

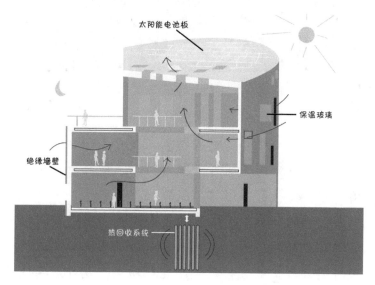

童话王国的绿色童话能否成为现实，不受仙女棒的控制，而是取决于人类自己。人类需要审视自己是否在持之以恒地把低碳变成自己的生活习惯，是否将低碳融入社会的方方面面。

③ 未来世界的动力来自哪里？

有人说，人类用了40亿年才造出了汽车，却只花了100年就让车子填满了道路。

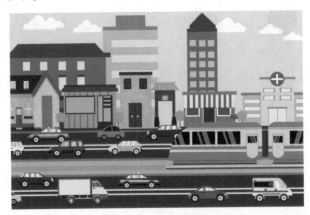

汽车、火车、工程车……到处都是车。汽车征服了整个世界，汽车的碳排放也改变了整个世界。现在我们在说低碳生活，也在说"石油危机"，那么，未来世界的动力到底来自哪里？

回首汽车的发展史，曾经有一段时间，汽车与马匹在城市的道路上并存了好几年，空气和马路都需要改变。

燃烧化石燃料的汽车，其实靠的是太阳能。通过太阳能将空气中的二氧化碳结合到植物体内，植物最终又经过碳循环变成化石燃料。那是不是有可能，我们就直接用太阳能驱动车，或者用其他类似的可再生能源来提供车的动力呢？科学家一直在进行尝试。

（1）可再生能源

太阳能：利用已经日益广泛，如太阳能发电。太阳能是一种新兴的可再生能源。

风能：在自然界中，风能是一种可再生、无污染且储量巨大的能源。

水能：利用水能的历史由来已久，水能是一种清洁能源。

这些能源真的很"新"吗？其实，它们由来已久，甚至可以说是很"旧"的能源了。中国古代就有利用水车作为动力的记录了。

（2）新能源

当然，还有其他更新的能源。

微生物：科学家利用微生物发酵，制成酒精，用其稀释汽油配制成"乙醇汽油"，与普通汽油相比功效可提高 15% 左右。

微藻：作为一种水生浮游植物，它们能有效利用阳光，将水和二氧化碳转化成生物能。有些微藻甚至可以用来制造生物柴油。因此，海洋微藻被认为是"后石油时代"解决能源危机的一把钥匙。

氢能：它是一种极为优越的新能源，是世界上最干净的能源，是21 世纪最可能在世界能源舞台上占据重要地位的能源。

进入 21 世纪以来，这些可再生能源进入了快速发展。2010 年，可再生能源几乎已经占到了全球新电力能源的一半。风力发电、太阳能发电快速增长。它们源于自然又回归自然，在这奇妙的循环中，可以为人类提供源源不断的能量。

　　改变已经开始，一场关于未来世界动力的变革正在启动。

④ 城市里的田园生活是梦吗？

新加坡一直被称为花园城市。新加坡花园酒店，这个位于中央商务区的酒店是城市重要的绿色标志。美丽的热带花木与棕榈树点缀着空中花园，将绿色从自然引入城市。

低碳乐活族

今天，我们身边有一部分人在追求着城市生活之外的田园生活。2013 年，他们有了一个共同的名字——低碳乐活族（Lohas）。

"低碳乐活族"是指崇尚单纯、简单，致力于绿色、环保的一群人。他们通过日常生活中每个细节的改变来减少二氧化碳排放，倡导在城市生活中过着健康、环保的田园生活。

有人说，这是一种生活的退化。也有人说，退化也是一种进化。

结庐在人境，而无车马喧。

问君何能尔？心远地自偏。

采菊东篱下，悠然见南山。

山气日夕佳，飞鸟相与还。

此中有真意，欲辨已忘言。

这是东晋大诗人陶渊明的著名诗篇《饮酒·结庐在人境》，其中以"采菊东篱下，悠然见南山"而闻名。采菊的时候，无意间，山上的美景映入眼帘，一派平静、充实、完美的景象。现在很多人引用这两句诗来形容自己恬淡闲适、对生活无所求的心境。

整首诗的最后两句"此中有真意，欲辨已忘言"，形容的是陶渊明从此时此地此景中领悟到了生活的乐趣，那就是，在田园生活中追求纯洁自然的恬淡心情。

人类既然是自然的一部分，也应该具有自然的本性。在自然的运动中，完成人类的生命活动，实现人与自然的和谐统一。

⑤ "碳时代"我们将何去何从？

在人类历史的发展过程中，我们经常用一个代表性的元素来指代一个历史时期，如石器时代、青铜时代、铁器时代、蒸汽时代、电器时代、原子时代等。以此为对照，如今的我们处于什么时代呢？

如果说，20世纪后半叶，计算机、芯片、互联网快速发展，引领了世界舞台，可以称这个时代为"硅时代"。那么，现如今，人类对于自身健康的关注持续升温，下一个时代也许会是"碳时代"。

以碳元素为核心的生命科学领域接棒以硅元素为核心的计算机互联网领域。"碳时代"已悄然来临，我们将何去何从？

正是由于过去的管理不当，我们现在需要用一种前所未有的方式来管理碳。"碳时代"最明显的标志，就是人类在连续两个世纪燃烧化石燃料之后，意识到需要行动起来，把地球从危险的边缘扭转回来。

有人说，也许人类将在这个时代走向地球的末日，毕竟人类有效控制气候的历史记录太少了。当然也有人说，这都是杞人忧天，我们只是出于历史上一个比较温暖的时期。

这里，对于温度上升是否危机地球命运暂且不下定论。但是，至少我们可以确定的是，地球空气中的碳含量正在达到有记录以来的最高值。

人类的生存离不开碳。我们不可能找到一个魔法棒，一点就能解决所有问题和麻烦。节能减排，建设低碳城市，使用低碳技术，改变我们自身的观念……

我们必须在所有领域进行努力了。

参考文献

[1] 布莱恩·奈普. 碳 [M]. 韩宝娟, 亓英丽, 译. 济南: 山东教育出版社, 2006.

[2] 埃里克·罗斯顿. 碳时代: 文明与毁灭 [M]. 吴妍仪, 译. 北京: 生活·读书·新知三联书店, 2017.

[3] 邱林. 我是碳 [M]. 北京: 九州出版社, 2015.

[4] 美国卡洛斯出版集团. 生活中的碳 [M]. 小多（北京）文化传媒有限公司, 译. 南宁: 广西教育出版社, 2012.

[5] 佐藤健太郎. 改变历史的元素之王: 碳 [M]. 杨雨樵, 译. 台北: 脸谱出版社, 2015.

[6] 英国DK公司. DK儿童自然环境百科全书 [M]. 刘影影, 译. 北京: 中国大百科全书出版社, 2017.

[7] 碳纳米管, 迄今发现力学性能最好的材料之一 [EB/OL]. （2015-12-31）[2020-04-15]. http://news.yesky.com/kepu/life/315/99652815.shtml.